BEI GRIN MACHT SICH IHR WISSEN BEZAHLT

- Wir veröffentlichen Ihre Hausarbeit,
  Bachelor- und Masterarbeit

- Ihr eigenes eBook und Buch -
  weltweit in allen wichtigen Shops

- Verdienen Sie an jedem Verkauf

Jetzt bei www.GRIN.com hochladen
und kostenlos publizieren

Bibliografische Information der Deutschen Nationalbibliothek:

Die Deutsche Bibliothek verzeichnet diese Publikation in der Deutschen National-
bibliografie; detaillierte bibliografische Daten sind im Internet über http://dnb.d-
nb.de/ abrufbar.

Impressum:

Copyright © 2016 GRIN Verlag, Open Publishing GmbH
Druck und Bindung: Books on Demand GmbH, Norderstedt Germany
ISBN: 978-3-668-18911-9

Dieses Buch bei GRIN:

http://www.grin.com/de/e-book/318306/quantitative-chemie-sowie-gleichgewichts-
reaktionen

Mike G.

Quantitative Chemie sowie Gleichgewichtsreaktionen

Zusammenfassung zum Massenwirkungsgesetz

GRIN Verlag

Quantitative Chemie Gleichgewichtsreaktionen

Vorwort

In der Chemie wird umfangreiches mathematisches Vorwissen vorausgesetzt, welches in dieser Arbeit übersichtlich und anschaulich zusammengetragen wurde. Unterstützt werden diese Formeln und Erläuterungen (bzw. Beispiele) durch Verweise auf das Cornelsen Tafelwerk für den regulären Chemieunterricht an deutschen Gymnasien. Der zweite Teil dieser Arbeit befasst sich mit chemischen Gleichgewichtsreaktionen, dem Prinzip des kleinsten Zwangs sowie den Vorhersagen über den Reaktionsverlauf und -ausgang bis hin zu vertiefenden Übungsaufgaben. Das Massenwirkungsgesetz wird an dieser Stelle sehr anschaulich vorgestellt und intensiv genutzt um weiterführende Erkenntnisse zu untermauern.

1. Quantitative Chemie

1.1 Kriterien für ein ideales Gas   *Tafelwerk Seite[1] 119*

1. Das ideale Gas besteht aus weit von einander entfernten Molekülen, wobei deren Volumen im Bezug auf das Gesamtvolumen des Gases vernachlässigbar ist
2. Zwischen den einzelnen Molekülen herrschen keine Anziehungskräfte.
3. Die Moleküle bewegen sich in geraden Linien, wobei sie manchmal aneinander stoßen und ihre Energie übertragen. Die gesamte Kinetische Energie nimmt jedoch niemals ab, da es sich um elastische Zusammenstöße handelt.
4. Bei einer bestimmten Temperatur ist die durchschnittliche Energie je Molekül gleich. Die Moleküle wandeln Wärmeenergie in kinetische Energie um.

1.2 Ideale Gasgleichung.

Weil n sowohl zu V als auch zu p proportional ist,
gehört n auf eine andere Seite der Gleichung als V und p.
Weil T sowohl zu V als auch zu p proportional ist,
gehört T auf eine andere Seite der Gleichung als V und p.

$$=> V \sim (n * T) / p$$

Durch Einfügen einer Proportionalitätskonstante R ergibt
sich folgende Gleichung:

$$p * V = n * R * T => \textbf{Allgemeine / ideale Gasgleichung}$$

Tafelwerk Seite 119

Einheit von R	Zahlenwert von R
(L * atm) / (mol * K)	0,08206
J / (mol * K)	8,314
cal / (mol * K)	1,987
(m³ * Pa) / (mol * K)	8,314
(L * Torr) / (mol * K)	62,36

1.3 Geschwindigkeit der Gas-Moleküle berechnen.

$$p*V = \frac{N*m*v^2}{3} \quad \textit{Tafelwerk S. 119}$$

Druck * Volumen = ein Drittel von
(der Atomanzahl * der Masse * dem Quadrat der Geschwindigkeit).

1.4 Stoffmenge n berechnen. $\frac{(Masse\ Einwage)}{(Molare\ Masse)} = Stoffmenge \quad \therefore \quad n = \frac{m}{M}$

Formel: *Tafelwerk S. 162*

Bsp. 84,6 mg Wasser $n(H_2O) = \frac{0,0846}{18}[\frac{(g*mol)}{g}] = 0,0047\ mol$

V_m NTP: 22,4 L/mol
V_m STP: 24,4 L/mol
Tafelwerk S. 101

- **Sonderfall Gase.** $Stoffmenge_{(Gase)} = \frac{Volumen}{molares\ Volumen} = \frac{V}{V_m}$

Je nach Faktor ändert sich die Größeneinheit des Ergebnisses.
Wenn G =
100 = %
10^6 = ppm
10^9 = ppb

---

1 Gemeint ist das Interaktive Tafelwerk des Cornelsen-Verlages, ISBN: 978-3-06-001611-2

1.5 Massenanteil w berechnen.

$$Massenanteil = \frac{Masse\ des\ Bestandteils}{Gesamtmasse\ der\ Lösung} * G$$

Formel: *Tafelwerk S. 162*

1.6 Stoffmengenanteil X berechnen.

$$Stoffmengenanteil = \frac{Stoffmenge\ des\ Bestandteils}{Gesamtstoffmenge\ aller\ Bestandteile} * G$$

Formel: *Tafelwerk S. 162*

Beispiel: 18g HCl in 144g Wasser gelöst.

=> 1mol HCl in 8 mol Wasser. $\quad X_{(HCl)} = \frac{1}{1+8} = \frac{1}{9} = 0{,}111$

Summe der Stoffmengenanteile einer Lösung ist immer gleich 1, darum $X_{H2O} = 1 - 0{,}111 = 0{,}889$

1.7 Stoffmengenkonzentration (Molarität) c eines gelösten Stoffes berechnen.

$$c = \frac{Stoffmenge\ gelösten\ Stoffes}{Volumen\ Lösung}$$

Bsp. Herstellung von 5 Litern 2 molarer Salzsäure. Wie viel Gramm Feststoff wird benötigt?

$2 = \frac{X}{5} \rightarrow 2*5 = X \rightarrow X = 10 \quad$ 10 g HCl wird zur Herstellung von 5 Litern 2 molarer Salzsäure benötigt.

=> **Achtung!** Die Werte ändern sich mit der Temperatur, weil sich das Volumen ändert. Lieber b berechnen.

1.8 Molalität b berechnen.

$$b = \frac{Stoffmenge\ gelöster\ Stoff}{Masse\ Lösungsmittel} = \frac{mol}{kg} \qquad \text{Formel: } Tafelwerk\ S.\ 162$$

- Beispiel: 0,2 mol NaOH in 500ml Wasser lösen. $\quad b_{(NaOH)} = \frac{0{,}2\ mol}{0{,}5\ kg} = 0{,}4\ \frac{mol}{kg} = 0{,}4\ molal$

1.9 Umrechnung von Molarität in Molalität.

Gegeben ist 2 Liter 4 molare Salzsäure (in Wasser gelöst).

$$Molarität: 4\ molare\ HCl = \frac{8mol\ HCl}{2L\ Wasser} \quad : \quad Molalität: b = \frac{8mol\ HCl}{X} \quad \rightarrow \quad X = ?$$

Masse der Lösung bestimmen. 2L Wasser = 2dm³ = 2kg | 8 mol HCl = 144g

$$Masse_{(Lösung)} = 2000g + 114g = 2144g \quad : \quad b = \frac{8\ mol\ HCl}{2{,}144\ kg} = 3{,}73\ molal\ [\frac{mol}{kg}]$$

1.10 Dichte der Lösung bestimmen.

Angenommen, dass das HCl keine Auswirkungen auf das Gesamtvolumen hat, lässt sich die Dichte berechnen:

$$Dichte = \frac{m}{V} = \frac{Masse}{Volumen} \quad : \quad Dichte_{(Lösung)} = \frac{2144g}{2L} = 1072\ \frac{g}{L}$$

Dichte Säuren/Basen: *Tafelwerk S. 155* $\qquad\qquad$ Dichte Elemente: *Tafelwerk S. 145 – 150*

2. Gleichgewichtschemie

2.1 <u>Gleichgewichtskonstante K_c</u>
Index c steht für Stoffmengenkonzentration

$N_2{}_{(g)}$ + 3 $H_2{}_{(g)}$ $\leftrightarrow$ 2NH_3 Reaktion findet unter hohem Druck und hoher Temperatur statt und stoppt an einem gewissen Punkt. Im diesem **Gleichgewichtszustand** besitzen die 3 Stoffe das gleiche Konzentrationsverhältnis.

$$aA + bB \leftrightarrow dD + eE \quad => \quad \frac{[D]^d * [E]^e}{([A]^a * [B]^b)} = Gleichgewichtskonstante\ K_c$$

K_c ist unabhängig von den Ausgangsmengen und von inerten Stoffen in der Mischung / Lösung etc. Der Wert der Gleichgewichtskonstanten ändert sich bei Umkehr des Reaktionspfeiles; wird zum Kehrwert. Darum muss bei der Angabe von K_c immer angegeben werden ob es $K_{c\,hin}$ oder $K_{c\,rück}$ ist und welche Temperatur vorliegt.

2.2 <u>Gleichgewichtskonstante K_p</u>
Index p steht für Partialdrücke

$$aA + bB \leftrightarrow dD + eE \quad => \quad \frac{((p_D)^d * (p_E)^e)}{((p_A)^a * (p_B)^b)} = K_p$$

K_c und K_p können sehr unterschiedlich sein, darum sollte man genau auf den Index achten!

Umrechnung des Drucks in die Konzentration: p_A = [A] * R * T

Umrechnung von K_C zu K_P.

$$K_p = K_c * (R*T)^{(Delta\,n)}$$

Delta n = Stoffmenge gasförmiger Produkte – Stoffmenge gasförmiger Edukte (Summe der gasförmigen Koeffizienten der Produkte – Summe der gasförmigen Koeffizienten der Edukte).
K_p = K_c wenn Delta n = 0 ist.

Thermodynamische Gleichgewichtskonstante.
Aus thermodynamischen Messungen abgeleitete Gleichgewichtskonstante wird **thermodynamische Gleichgewichtskonstante** genannt. Bezieht sich auf die Aktivität der Substanzen. Aktivität ist das Verhältnis von Stoffmengenkonzentration zur Standardkonzentration 1 mol / L bzw. Standarddruck von 1atm. Wenn die Konzentration in einem Gleichgewichtszustand 0,1 mol / L beträgt ist Aktivität = 0,1 / 1 = 0,1. Die thermodynamische Gleichgewichtskonstante besitzt (meist) keine Einheit.

2.3 <u>Vorhersagen anhand der Größe von K treffen</u>
Homogenes Gleichgewicht: Substanzen liegen im gleichen Aggregatzustand vor.

K << 1: Gleichgewicht liegt auf linker Seite zugunsten der **Edukte.**
K >> 1: Gleichgewicht liegt auf rechter Seite zugunsten der **Produkte.**

Heterogenes Gleichgewicht: Substanzen liegen nicht im gleichen Aggregatzustand vor.

$$CaCO_{3\,(s)} \leftrightarrow CaO_{(s)} + CO_{2\,(g)}$$
$$K_c = [CO_2] \quad K_p = [CO_2]$$

Achtung:	d.h. Reaktion hat im Gleichgewichtszustand immer den gleichen Druck an CO_2, auch wenn Anfangskonzentrationen von $CaCO_3$ oder CaO verändert werden.
Feststoffe haben Konzentration von 1. In stark verdünnten Lösungen wird Wasser nicht in K eingebracht.	

Vorhersagen über den Reaktionsverlauf treffen

Reaktionsquotient (Q): Massenwirkungsgesetz aus den <u>Anfangskonzentrationen</u> einer Reaktion.

Gleichgewichtskonstante (K_c): Massenwirkungsgesetz aus <u>Gleichgewichtskonzentrationen</u> einer Reaktion.

Reaktionsdauer: Eine Reaktion läuft solange ab, bis Q die gleiche Größe wie K_c erreicht hat.

„Reaktionsrichtung":

Q = K	System befindet sich im Gleichgewicht.	
Q > K	Produktkonzentration ist höher als Eduktkonzentration.	Rechte Seite „zerfällt" zur linken Seite hin.
Q < K	Eduktkonzentration ist höher als Produktkonzentration.	Linke Seite reagiert zur rechten Seite.

2.4 Prinzip vom kleinstem Zwang (Le Charteliere)

Wird auf einem chemischem Gleichgewicht ein äußerer Zwang angelegt, so verändert sich das Gleichgewicht in der Weise, dass dem Zwang ausgewichen wird.

Wenn in einem Dynamischen Gleichgewicht mehr Produkte hinzugegeben werden, werden diese zu Edukten „zersetzt" und ein neues Gleichgewicht entsteht durch den Anstieg der Edukt**konzentration**. Wenn in einem Dynamischen Gleichgewicht mehr Edukte hinzugegeben werden, werden diese zu Produkten gebildet und ein neues Gleichgewicht entsteht durch den Anstieg der Produkt**konzentration**.

Produkte hinzugegeben.	Mehr Edukte gebildet, da neue Produkte „zerfallen".
Produkte entfernt.	Mehr Produkte gebildet, da mehr Edukte reagieren können.

Druck erhöht.	Gleichgewicht auf Seite mit weniger Gasen.
Druck gesenkt.	Gleichgewicht auf Seite mit mehr Gasen.

Wenn das **Volumen** verkleinert wird, steigt der Druck und das Gleichgewicht verlagert sich auf die Seite, auf welcher weniger gasförmige Stoffe vorhanden sind. Wenn das **Volumen** vergrößert wird, sinkt der Druck und das Gleichgewicht verlagert sich auf die Seite, auf welcher mehr gasförmige Stoffe vorhanden sind.

Wird bei *exothermen* Reaktionen **Temperatur** erhöht, läuft die Reaktion verstärkt zur linken Seite ab und mehr Edukte werden gebildet. Außerdem steigt der Wert von K_c bzw. K_p.

Wird bei *endothermen* Reaktionen die **Temperatur** erhöht, läuft Reaktion verstärkt zur rechten Seite ab, mehr Produkte werden gebildet. Außerdem sinkt Wert von K_c / K_p.

Temperaturänderung		
Delta H < 0	Delta T > 0 zu den Edukten	
	Delta T < 0 zu den Produkten	
Delta H > 0	Delta T > 0 zu den Produkten	
	Delta T < 0 zu den Edukten	

Wird bei *exothermen* Reaktionen die **Temperatur** gesenkt, läuft die Reaktion verstärkt zur rechten Seite ab und mehr Produkte werden gebildet. Außerdem sinkt der Wert von K_c / K_p.

Wird bei *endothermen* Reaktionen die **Temperatur** gesenkt, läuft die Reaktion verstärkt zur linken Seite ab und mehr Edukte werden gebildet. Außerdem steigt der Wert von K_c / K_p.

Katalysatoren erhöhen sowohl die Hin- als auch die Rückreaktion gleichermaßen schnell. Die Dauer, bis sich das Gleichgewicht eingestellt hat wird gesenkt.

**=> Katalysatoren haben keine Auswirkungen auf Konzentrations-
änderungen eines dynamischen Gleichgewichts.**

2.5 Berechnung der Gleichgewichtskonstanten

1. Reaktionsgleichung aufstellen $\quad\quad$ aA + bB $\leftrightarrow$ cC
2. Tabelle erstellen, in welcher sich die gegebenen Konzentrationen befinden.

	A	**B**	**C**
Anfang	q	w	0
Delta	- y	- z	+ x
Gleichgewicht	q - y	w - z	x

x, q und w sollten angegeben sein. Wenn y oder z (zusätzlich) angegeben sind, wird die Rechnung einfacher zu lösen.

3. Gleichgewichtskonzentrationen von A und B berechnen.

$$Delta[B] = Delta[C] * \left(\frac{(n(B))}{(n(C))}\right)$$

4. Konzentrationsänderungen in die Tabelle eintragen und Gleichgewichtskonzentrationen berechnen.
5. Gleichgewichtskonstante berechnen.

$$K_c = \frac{[C]^c}{([A]^a * [B]^b)}$$

Beispiel:

Ein geschlossenes System, das anfänglich 0,001 mol / L H_2 und 0,002 mol / L I_2 enthält, erreicht das chemische Gleichgewicht. Die Analyse des Gleichgewichtsgemisches zeigt, dass die Konzentration von HI 0,00187 mol / L beträgt. Berechnen sie K_c für diese Reaktion.

1. Reaktionsgleichung aufstellen.

$$H_{2\,(g)} + I_{2\,(g)} \leftrightarrow 2HI_{(g)}$$

2. Tabelle erstellen.

	A	B	C
Anfang	0,001	0,002	0
Delta	?	?	+ 0,00187
Gleichgewicht	?	?	0,00187

3. Gleichgewichtskonzentrationen berechnen.

$$Delta\,[H_2]=0,00187*(\tfrac{1}{2})=0,000935\,\frac{mol}{L}$$

$$Delta\,[I_2]=0,00187*(\tfrac{1}{2})=0,000935\,\frac{mol}{L}$$

4. Tabelle vervollständigen.

	A	B	C
Anfang	0,001	0,002	0
Delta	- 0,000935	- 0,000935	+ 0,00187
Gleichgewicht	0,000065	0,000165	0,00187

5. Konstante berechnen.

2.6 Löslichkeitsprodukt

Gleichgewichtskonstante zwischen festem Stoff und seinen in Lösung dissoziierten Ionen.
(Am Boden liegt noch Feststoff!!)

Ionen werden in der selben Zeit aus einen Gitter gezogen, wie sich ein neues bildet.

Gleichgewicht zwischen gelösten Ionen und Feststoff in einer wässrigen Lösung kann
im Löslichkeitsprodukt angegeben werden.
Wenn BaSO4 in Wasser gelöst wird (gesättigte
Lösung), bleibt
ein gewisser Teil Feststoff übrig, die restlichen
Ionen dissoziieren.

K_L	groß	leichtlöslich	Kleiner als 10^{-6}
K_L	klein	schwerlöslich	Größer als 10^{-6}

$$K_L = [Ba^{2+}] * [SO_4^{2-}]$$

Im Tabellenwerk ist der K_L-Wert von $BaSO_4$ nachzuschlagen, welcher mit $1,1 * 10^{-10}$ mol² / L² sehr
klein ist. Dadurch lässt sich sagen, dass sich wenig Feststoff in Lösung löst.

<u>**Man unterscheidet 3 Fälle vom Lösungsgleichgewicht**</u>

Lösungstypen	Erklärung	Beispiel
Gesättigte Lösung.	Der zur Flüssigkeit gegebene Feststoff löst sich vollständig in der Flüssigkeit.	$AgCl$ in H_2O. $[Ag^+] = [Cl^-]$ Das gesamte $AgCl$ liegt in gelöster Form vor.
Übersättigte Lösung.	Der zur Flüssigkeit gegebene Feststoff löst sich nur zu einem gewissen Teil in der Flüssigkeit. Es bleibt ein Bodensatz übrig.	$AgCl$ in H_2O. $K_L < [Ag^+] * [Cl^-]$ Es fällt ein Niederschlag aus.
Ungesättigte Lösung.	Der zur Flüssigkeit gegebene Feststoff löst sich vollständig in der Flüssigkeit, jedoch kann jene eine weitere Zugabe von dem Feststoff 'verkraften'	$AgCl$ in H_2O. $K_L > [Ag^+] * [Cl^-]$ Das gesamte $AgCl$ liegt in gelöster Form vor.

<u>**Unterschied Löslichkeit und Löslichkeitsprodukt**</u>

Löslichkeitsprodukt	Löslichkeit
Konstante des Gleichgewichts zwischen ionischem Festkörper und gesättigter Lösung aus seinen Ionen. K_L hat für einen Stoff nur einen bestimmten Wert bei einer gewissen Temperatur.	<u>Menge</u> eines Stoffes, die sich in einer gesättigten Lösung befindet. Hängt von der Konzentration weiterer Stoffe in der Lösung ab, z.B. von Mg^{2+} - Ionen im Wasser oder dem pH-Wert.

Molare Löslichkeit: <u>Stoffmenge</u> eines Stoffes, die sich in einer gesättigten Lösung befindet.

Faktoren, welche die Löslichkeit beeinflussen.	
Anwesenheit gemeinsamer Ionen	pH - Wert
Im Allgemeinen wird die Löslichkeit eines wenig löslichen Salzes durch die Anwesenheit von einem zweiten gelösten Stoff mit gleicher Ionenart (Kation oder Anion) herabgesetzt.	Löslichkeit einer Substanz, dessen Anion basisch ist, wird vom pH – Wert beeinflusst. Ist die Lösung basisch liegen bereits OH^- - Ionen vor. Das Kation wird also besser gelöst, da $[Kation] = [OH^-]$ wird. Ist die Lösung sauer, werden die OH^- - Ionen neutralisiert und dadurch mehr neue gebildet, wodurch ebenfalls mehr Kationen gelöst werden.

2.7.1 Übungen zum Massenwirkungsgesetz[2]

(a) Schreibe die Gleichgewichtskonstante der Stoffmengen folgender Reaktionen auf.

$$(1a)\ PCl_{5\,(g)} \leftrightarrow PCl_{3\,(g)} + Cl_{2\,(g)}$$

---

2   Bei den Gleichgewichtsreaktionen wird folgender Pfeiltyp verwendet ↔, obwohl dieser eigentlich die Beziehung zwischen mesomeren Grenzstrukturen anzeigt. Der formal richtige Pfeiltyp wäre ein nach rechts ausgerichteter Pfeil über einem nach links ausgerichtetem Pfeil, welcher in Open Office nicht vorhanden ist.

$$(1b) \ NH_4Cl_{(s)} \leftrightarrow NH_{3\,(g)} + HCl_{(g)}$$
$$(1c) \ H_2O_{(l)} \leftrightarrow H_2O_{(g)}$$

Lösungen

$$(1a) \ K_C = \frac{[PCl_3]*[Cl_2]}{[Pl_5]} \qquad (1b) \ K_C = [NH_3]*[HCl] \qquad (1c) \ K_C = [H_2O]$$

(b) Berechne anhand der Gleichgewichtskonstanten der Reaktionen (2a) und (2b) die Gleichgewichtskonstante der Reaktion (2c).

$$(2a) \ H_{2\,(g)} + CO_{2\,(g)} \leftrightarrow CO_{(g)} + H_2O_{(g)} \qquad K_C = 0{,}771$$
$$(2b) \ SnO_{2\,(s)} + 2\,H_{2\,(g)} \leftrightarrow Sn_{(s)} + 2\,H_2O_{(g)} \qquad K_C = 8{,}12$$
$$(2c) \ SnO_{2\,(s)} + 2\,CO_{(g)} \leftrightarrow Sn_{(s)} + 2\,CO_{2\,(g)} \qquad K_C = ?$$

Lösungen

$$(2a) \ K_C = \frac{[CO]*[H_2O]}{[H_2]*[CO_2]} = 0{,}771 \qquad (2b) \ K_C = \frac{[H_2O]^2}{[CO]^2} = 8{,}12 \qquad (2c) \ K_C = \frac{[CO_2]^2}{[CO]^2} = ?$$

$$K_C(2c) = \left(\cfrac{\cfrac{1}{K_C(2a)}}{\sqrt{K_C(2b)}} \right)^2 = 13{,}66$$

Man zieht die Wurzel aus K_C (2b) sodass der Bruch von den Potenzen „befreit" wird. Danach dividiert man 2a durch das neue 2b und erhält den Kehrbruch 2c, welchen man durch eine Umkehrung erreichen kann. Somit hat man den Bruch von 2c erhalten, jedoch noch nicht die Potenzen, weshalb man das Ergebnis mit 2 potenziert.

(c) Die Reaktion $N_2O_{4\,(g)} \leftrightarrow 2\,NO_{2\,(g)}$ besitzt eine Gleichgewichtskonstante von $K_C = 6{,}1 * 10^{-3}$ [mol / L] bei 25°C. Berechne die Gleichgewichtskonstante K_C für folgende Reaktion.

$$(3c) \ NO_{2\,(g)} \leftrightarrow \tfrac{1}{2}\,N_2O_{4\,(g)}$$

Lösungen

$$\frac{[NO_2]^2}{[N_2O_4]} = 0{,}0061 \qquad \frac{\sqrt{N_2O_4}}{[NO_2]} = \frac{1}{\sqrt{0{,}0061}}$$

Die obrige Gleichung wird umgekehrt und die Potenzen eliminiert, indem man die Quadratwurzel zieht.

(d) Die Herstellung von Sulfurylchlorid läuft bei 600K ab.

$$SO_2Cl_{2\,(g)} \leftrightarrow SO_{2\,(g)} + Cl_{2\,(g)} \qquad \Delta H = +67 \ KJ/mol$$

Sage die Veränderungen der Gleichgewichtskonzentration voraus, wenn
(d1) weiteres Schwefeldioxid hinzugefügt wird.
(d2) das Volumen im Kolben reduziert wird.
(d3) Die Temperatur erhöht wird.
(d4) inertes Argongas hinzugefügt wird.
(d5) Platin hinzugefügt wird.

Lösungen

Anstieg der Eduktkonzentration	Anstieg der Produktkonzentration
(d1), (d2)	(d3), (d5)

Argongas ist reaktionsträge und hat keinerlei Auswirkungen, aber es verringert das Gesamtvolumen im Kolben, sodass es die Produktkonzentration (verschwindend) gering reduziert.

(e) Die Synthese von Kohlenmonoxid läuft bei 700°C mit der Gleichgewichtskonstante K_P = 1bar wie folgt ab $\quad C_{(f)} + CO_2 \leftrightarrow 2\,CO$
Berechne die Partialdrücke von CO_2 bzw. CO bei einem Gesamtdruck von 100bar.

Lösung

$$K_P = \frac{p(CO)^2}{p(CO_2)} = 1\text{bar} \qquad p_{ges} = 100\text{bar} = p(CO_2) + p(CO) \qquad p(CO_2) = p_{ges} - p(CO)$$

$$K_P = \frac{p(CO)^2}{(p_{ges} - p(CO))} = 1\text{bar} \quad \rightarrow \quad \frac{p(CO)^2}{1\text{bar}} = p_{ges} - p(CO) \quad = \quad p(CO)^2 + p(CO) - 100\text{bar}$$

$$p(CO)_{1,2} = \frac{-1}{2} \pm \sqrt{\frac{-1}{2} + 100} = \frac{-1}{2} \pm 10{,}01 = 9{,}51 \quad 100 - 9{,}51 = 90{,}49\text{bar} = p(CO_2)$$

*(f) Zeige für die Reaktion $I_2 \leftrightarrow 2\,I$ wie K_P und K_C miteinander zusammenhängen. Die Formel für die Konzentration ist c = n / V, benutze die ideale Gasgleichung p * V = n * R * T*

Lösung

$$K_C = \frac{[J]^2}{[J_2]} \quad K_P = \frac{p(J)^2}{p(J_2)} \quad p(J) * V = n(J) * R * T \quad : \quad [J] = \frac{n(J)}{V} \quad \rightarrow \quad n(J) = V * [J]$$

$$p(J) * V = V * [J] * R * T \quad \rightarrow \quad p(J) = [J] * R * T \quad : \quad K_P = \frac{[J]^2 * R^2 * T^2}{[J_2] * R * T} \quad \rightarrow \quad K_P = K_C * R * T$$

Allgemein gilt: $\mathbf{K_P = K_C * (R * T)^n}$

(g) Erwärmt man 1.5 mol PCl_5 in einem Reaktionskolben mit 500ml Flüssigkeit auf 250°C, so beginnt folgende Zersetzungsreaktion

$$PCl_{5\,(g)} \leftrightarrow PCl_{3\,(g)} + Cl_{2\,(g)}$$

Die Gleichgewichtskonstante dieser Reaktion ist K_C = 1,8. Wie hoch ist die Konzentration der einzelnen Komponenten dieser Reaktion?

Lösung

$[PCl_5]$ = 0,75 mol/L (Umrechnung auf mol pro Liter ist notwendig).

$$K_C = \frac{[PCl_3] * [Cl_2]}{[PCl_5]} \quad : \quad Aber \ [PCl_3] = [Cl_2] \ somit \ ist \ die \ Variable \ lediglich \ x^2$$

$$x^2 = K_C * [PCl_5] = 1{,}8 * 0{,}75 = 1{,}35$$

$$\pm\sqrt{1{,}35} = 1{,}1 \ \frac{mol}{L} \simeq 1 \frac{mol}{L} \quad \text{Konzentrationen können nicht negativ sein.}$$

Umrechnung auf 500ml ergibt 2 mol für $[PCl_3]$ und $[Cl_2]$. Da die Anfangskonzentration aber der limitierende Faktor ist und nicht mehr Produkte gebildet werden können als Edukte zerfallen, beläuft sich die tatsächliche Konzentration der Produkte auf 1,5mol.

2.7.2 Übungen zum Löslichkeitsprodukt

1. Wie viel Gramm CaCO$_3$ lösen sich in einem Liter Wasser? $K_{L\,(CaCo3)} = 4,7 * 10^{-9}$

$\Rightarrow K_L = [Ca^{2+}] * [CO_3^{2-}]$ Aber $[Ca^{2+}] = [CO_3^{2-}]$, darum $[Ca^{2+}]^2 = 4,7 * 10^{-9}$

$[Ca^{2+}] =$ Wurzel aus $4,7 * 10^{-9} = 6,86 * 10^{-5}$ [mol / L]

$n * M = m$

$\Rightarrow 40 + 12 + 3 * 16 = 100$ g / Mol $\Rightarrow 4,7 * 10^{-9} * 100 = 4,7 * 10^{-7}$ g in einem Liter.

2. Festes Silberchromat wird bei 25°C in reines Wasser gegeben. Der Festkörper bleibt teilweise ungelöst am Boden des Kolben zurück. Das Gemisch wird mehrere Tage gerührt, um die Einstellung des Gleichgewichts zwischen dem ungelösten Ag$_2$CrO$_4$ $_{(s)}$ und der Lösung zu gewährleisten. Eine Analyse der Lösung ergibt eine Silberionenkonzentration von 0,00013 mol/L. Berechnen Sie unter der Annahme, dass Ag$_2$CrO$_4$ $_{(s)}$ in Wasser vollständig dissoziiert und keine weiteren bedeutenden Gleichgewichte der Ag$^+$ - und CrO$_4$$^{2-}$ - Ionen in der Lösung vorliegen, den Wert von K$_L$.

A. Reaktions- und andere Gleichungen aufstellen.

$Ag_2CrO_4\,_{(s)} \leftrightarrow 2\,Ag^+_{(aq)} + CrO_4^{2-}\,_{(aq)}$ $K_L = [Ag^+]^2 * [CrO_4^{2-}]$

B. Beziehungen untereinander erkennen.

Pro Ion $CrO_4^{2-}\,_{(aq)}$ liegen 2 Ionen $Ag^+_{(aq)}$ in der Lösung vor. Somit ist $[Ag^+] = 0,5 * [CrO_4^{2-}]$.

$[CrO_4^{2-}] = 0,5 * 0,00013$ mol / L $= 0,000065$ mol / L

C. K$_L$ – Wert berechnen.

$K_L = [Ag^+]^2 * [CrO_4^{2-}] = 0,00013^2 * 0,000065 = 1,1 * 10^{-12}$ [mol³ / L³]

D. Überprüfung / Probe.

Literaturwert ist $1,2 * 10^{-12}$ [mol³ / L³]

3. Der Wert von K$_L$ von CaF$_2$ bei 25°C ist $3,9 * 10^{-11}$ mol³ / L³. Berechnen Sie unter der Annahme, dass CaF$_2$ beim Lösen in Wasser vollständig dissoziiert und sich keine weiteren für die Löslichkeit bedeutenden Gleichgewichte vorliegen, die Löslichkeit von CaF$_2$ in Gramm pro Liter.

A. Tabelle über Konzentrationen anfertigen.

	CaF$_2$ $_{(s)}$	$\leftrightarrow$	Ca^{2+} $_{(aq)}$	+	2F$^-$ $_{(aq)}$
Anfang	-		0		0
Änderung	-		+ x mol / L		+ 2x mol / L
Gleichgewicht	-		x mol / L		2x mol / L

B. Relationen erkennen.

Pro Mol CaF$_2$ „entstehen" 1 Mol Ca^{2+} $_{(aq)}$ und 2 Mol F$^-$ $_{(aq)}$.

C. Gleichung aufstellen und Lösen.

$K_L = [Ca^{2+}] * [F^-]^2 = x * (2x)^2 => 4x^3 = 3,9 * 10^{-11} \ mol^3 / L^3$

$$\sqrt[3]{\frac{(3,9*10^{-11})}{4}} * \left(\frac{(78,1 \, g \, CaF_2)}{(1 \, mol \, CaF_2)}\right) = 1,6*10^{-2} \, g \, \frac{CaF_2}{(L \, Lösung)}$$

D. Überprüfung / Probe durch Umkehrrechnung.